DIE AUSTRALISCHE RIESENGESPENSTSCHRECKE

EXTATOSOMA TIARATUM

Stephan Schorn

Weibliche Nymphe Foto: S. Schorn

Inhalt

Bildnachweis:
Titel: Adultes Weibchen von *Extatosoma tiaratum* Foto: A. Esch
Kleines Bild: Juveniles Weibchen auf einer *Brugmansia*-Blüte Foto: S. Schorn
Seite 1: Adultes Weibchen, grünliche Farbmorphe Foto: S. Schorn

ISBN: 978-3-86659-123-3

An der Kleimannbrücke 39/41
48157 Münster
www.ms-verlag.de

Geschäftsführung: Matthias Schmidt
Lektorat: Kriton Kunz & Heiko Werning
Layout: Ludger Hogeback – hohe birken
Druck: Druckhaus Fromm, Osnabrück

Vorwort

HALTUNG und Nachzucht von Gespenst- und Stabschrecken sowie Wandelnden Blättern, die zusammengefasst die Insektenordnung der Phasmatodea bilden und als Phasmiden bezeichnet werden, gewinnen in der Terraristik immer mehr Anhänger. Besonders die Australische Riesengespenstschrecke (*Extatosoma tiaratum*) erfreut sich dank ihres skurrilen Äußeren schon seit längerer Zeit wachsender Beliebtheit und ist unter allen Gespenstschrecken die populärste und am häufigsten im Terrarium gepflegte Art.

In der Reihe „Art für Art" bietet sich nun die Möglichkeit, diese interessante und schön anzusehende Gespenstschrecke genauer zu beschreiben und eingehender auf ihre Haltungs- und Nachzuchtbedingungen hinzuweisen, als es in der allgemeinen Phasmidenliteratur bislang gegeben war, in der die jeweiligen Arten zumeist nur steckbriefartig abgehandelt sind. So vielseitig und unterschiedlich, wie Aussehen und Lebensweise der verschiedenen Phasmidenarten sind, so unterschiedlich sind aber auch die Haltungsbedingungen, die sich bei *E. tiaratum* sogar schon bei den Nymphen und Imagines unterscheiden. Beachtet man die einfach zu gestaltenden Haltungsbedingungen, lässt sich *E. tiaratum* auch vom Einsteiger ins Hobby der Terraristik leicht nachzüchten und über viele Generationen hinweg halten. Im Gegensatz zu den meisten anderen Phasmidenarten hält sich *E. tiaratum* tagsüber nur selten versteckt und ist auch am Tage aktiv, was diese genügsamen Tiere zu begehrten Pfleglingen macht.

Seit über 20 Jahren halte ich Insekten im Terrarium, seit etwa

zehn Jahren züchte ich Phasmiden nach, was sich anfangs – ohne Internet und spezielle Literatur – bei vielen Arten oft als schwierig erwies und Enttäuschungen mit sich brachte. Mit den in diesem Buch zusammengetragenen Informationen und Erfahrungen mit der Haltung und Nachzucht der Australischen Riesengespenstschrecke möchte ich Ihnen einen umfassenden Einblick in die geheimnisvolle Welt der Phasmiden und natürlich speziell von *E. tiaratum* bieten. Durch die Beobachtung der eigenen Tiere wird der Halter erst wirklich in diesen verborgenen Mikrokosmos der „Gespenster der Nacht" hineingeführt.

Von der Unzahl der Insektenarten, die unseren Planeten bevölkern, ist bislang etwa eine Million verschiedener Arten entdeckt und beschrieben worden. Gerade unter den nahezu perfekt getarnten Gespenstschrecken werden jedes Jahr etliche neue Arten beschrieben, und die interessantesten Beobachtungen lassen sich bei den Tieren oft im Terrarium machen. Willkommen also in der Insektenwelt, wo es besonders bei den Phasmiden noch so vieles zu entdecken gibt!

Stephan Schorn,
Münster, im Frühjahr 2009

Australische Riesengespenstschrecken sind faszinierende Terrarienpfleglinge. Foto: T. Adam

Systematik

IM Stamm der Gliederfüßer (Arthropoda) und dem Unterstamm der Tracheentiere (Tracheata) zählen Phasmiden (Ordnung Phasmatodea) zur Klasse der Insekten (Insecta). Die bislang etwa 3.000 beschriebenen Phasmidenarten werden in fünf Familien mit 16 Unterfamilien unterteilt. Etliche Arten der Phasmiden werden oft mit demselben Trivialnamen bezeichnet, der sich von Land zu Land unterscheidet. So werden in Deutschland z. B. verwandte Arten und Unterarten allgemein als Riesengespenstschrecken bezeichnet, wenn es sich um größere Tiere (etwa größer als 10 cm) handelt, kleinere Spezies dagegen oftmals als Zwerggespenstschrecken. Je nach der Form des Körperbaus werden lang gestreckte, langbeinige Arten als Stabschrecken, die kompakteren, gedrungeneren Ar-

WUSSTEN SIE SCHON?
Der deutsche Begriff „Gespenstschrecke“ wurde von der wissenschaftlichen Bezeichnung Phasmatodea abgeleitet. „Phasma“ stammt aus dem Altgriechischen und bedeutet „Gespenst“.

Kopfporträt eines weiblichen *Extatosoma tiaratum* Foto: S. Schorn

ten allgemein als Gespenstschrecken bezeichnet. Die Wandelnden Blätter (Phyllidae) bilden die dritte Form.

In der Fachliteratur und der populärwissenschaftlichen Terraristikliteratur dagegen wird durch den wissenschaftlichen Artnamen weiter differenziert, da dieser internationale Gültigkeit besitzt und eine genaue Bestimmung der jeweiligen Phasmide ermöglicht. So wird z. B. der deutsche Name „Australische Riesengespenstschrecke“ nicht nur für *Extatosoma tiaratum* (Macleay, 1826), sondern u. a. auch für *E. popa* verwendet – die eindeutige Klassifizierung erfolgt daher erst durch die wissenschaftlichen Namen.

Hennemann & Conle führten 2008 eine Revision der orientalischen Phasmatodea durch. Demnach stehen die Australischen Gespenstschrecken nun innerhalb der Familie Phasmatidae in der eigenen Unterfamilie Extatosomatinae, mit dem Tribus Extatosomatini. Sie bilden die einzige Gattung dieser Unterfamilie, nämlich *Extatosoma*. Früher wurden bis zu sechs Arten dieser Gattung unterschieden, nach der erwähnten Revision sind nur noch zwei Arten mit jeweils zwei Unterarten anerkannt:

- *Extatosoma popa*
  - *Extatosoma popa carlbergi* Beccaloni, 1993

Links: männliche Imago von *Extatosoma tiaratum*; rechts: eine männliche Imago von *Heteropteryx dilatata* Foto: S. Schorn

- *Extatosoma popa popa* Stål, 1875
- *Extatosoma tiaratum*
  - *Extatosoma tiaratum bufonium* Westwood, 1874 (Syn. = *Extatosoma elongatum* Froggatt, 1922)
  - *Extatosoma tiaratum tiaratum* (MacLeay, 1827) (Syn. = *Extatosoma hopii* Gray, 1833)

Nur *E. tiaratum* jedoch wird seit einigen Jahrzehnten im Terrarium nachgezüchtet und häufig auch in Zoofachhandlungen angeboten. Von anderen Gattungen unterscheidet sich *Extatosoma* deutlich durch den aufgetrieben wirkenden Hinterleib. Allenfalls die männlichen Imagines (erwachsene Exemplare) könnten mit männlichen *Heteropteryx dilatata* verwechselt werden, die aber stärker bedornt sind, weinrote Flügel unter den Deckflügeln besitzen und kräftiger gebaut sind.

Körperbau

DER Körper von *E. tiaratum* gliedert sich in Kopf- (Caput) und Brustbereich (Thorax) sowie den als Abdomen bezeichneten Hinterleib. Stets ist ein Paar Fühler (Antennen) am Kopf der Tiere vorhanden, die neben dem Wahrnehmen von Geruchsstoffen (und Pheromonen, also arteigenen Botenstoffen) auch die unmittelbare Umgebung ertasten. Die relativ einfachen Facettenaugen dienen hauptsächlich zur Unterscheidung von Hell- und Dunkelphasen. In erster Linie vertrauen Phasmiden auf ihre Tarnung, um möglichen Fressfeinden zu entkommen. Zusätzlich besitzen die flugfähigen Männchen drei Punktaugen, sogenannte Ocellen, die u. a. zur Orientierung beim Fliegen dienen. Die sechs Beine von *E. tiaratum* unterteilen sich in Hüfte (Coxa), Schenkelring (Trochanter), Schenkel (Femur), Schiene (Tibia) und Fuß (Tarsus) mit paarigen Endkrallen. Besonders die Nymphen von *E. tiaratum* können auch an glatten Glasscheiben emporlaufen, an denen sie sich mit saugnapfartigen kleinen, runden Stellen des Tarsus festhalten. Die weiblichen Imagines sind durch ihr hohes Gewicht aber nicht mehr dazu in der Lage.

Die Mundwerkzeuge bestehen aus der Oberlippe (Labrum) und einem Paar Oberkiefer (Mandibeln) zum Abbeißen sowie dem

Stark vergrößertes Kopfporträt einer weiblichen Australischen Gespenstschrecke mit deutlich sichtbaren Mundwerkzeugen. Selbst die feinen Härchen des in fünf Segmenten gegliederten Maxillarpalpus sind zu erkennen. Foto: S. Schorn

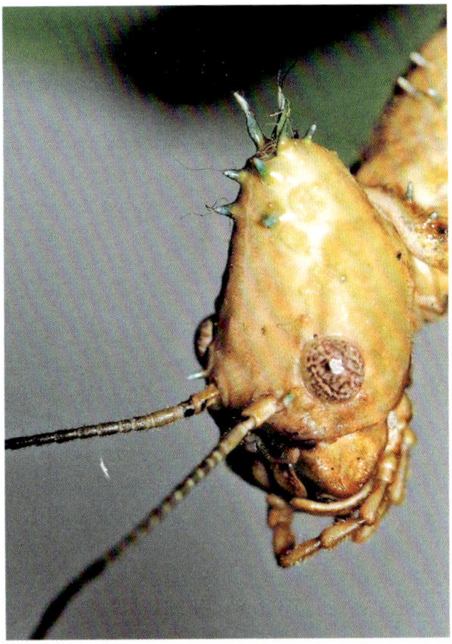

Kopfporträt eines Weibchens mit grün gefärbten Dornen auf dem Kopf (Caput) Foto: S. Schorn

paarigen Unterkiefer (Maxille) zum Zerkleinern der Nahrung. Die Unterlippe (Labium) schließlich ist wie die Unterkiefer mit langen, gegliederten Tastern (Palpen) ausgestattet und dient zum Abtasten und Festhalten der Nahrung. Neben diesen Tastern besitzt der Unterkiefer ein Paar innere und äußere Laden, von denen die inneren (Lacinia) verhärtet (sklerotisiert) und an der Spitze mit feinen Zähnchen besetzt sind, wohingegen die äußeren Laden (Galea) häutig sind und ein Haarfeld an der Spitze besitzen. Mit dem sogenannten Stipes sind über eine Brücke (Cardo) Palpen, Galea und Lacinia mit dem Kopf verbunden. Auch an der Unterlippe befinden sich zwei Paar Laden, die inneren Glossen und die äußeren Paraglossen, die mit den Palpen am vordersten Abschnitt des dreigeteilten Men-

WUSSTEN SIE SCHON?

Häufig wird fälschlicherweise der Begriff „Gespenstheuschrecke“ verwendet, was vermuten ließe, dass Gespenstschrecken mit den Heuschrecken der Ordnung Orthoptera verwandt seien. Eine gewisse Ähnlichkeit mag vorhanden sein, doch das Fehlen von Sprungbeinen bei den Gespenstschrecken unterscheidet sie schon auf den ersten Blick deutlich von den Heuschrecken und Grillen. Trotz ähnlichen Körperbaus sind die (sich ausschließlich von Pflanzen ernährenden) Gespenstschrecken auch nicht näher mit den (sich carnivor ernährenden) Fangschrecken der Ordnung Mantodea verwandt.

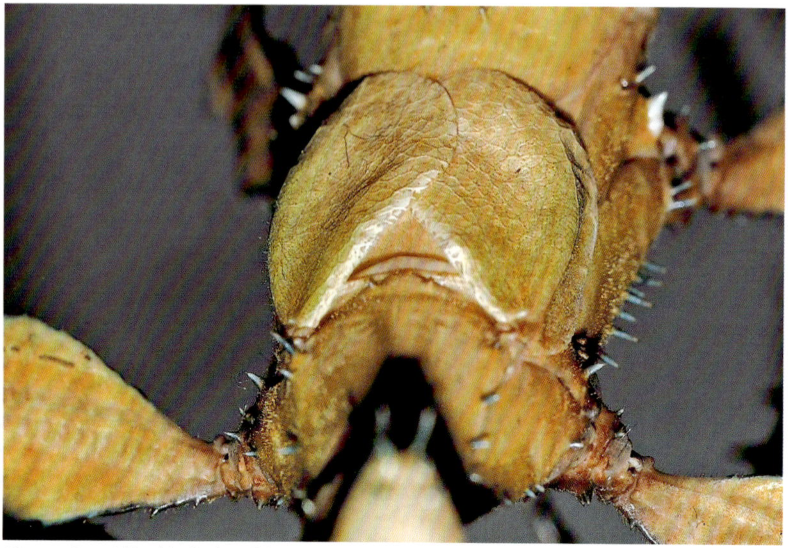

Die paarigen Flügel befinden sich am Meso- und Metathorax. Die Flügel der Weibchen sind stark verkümmert, weshalb sie auch nicht zum Flug fähig sind. Die Deck- oder Vorderflügel werden als Tegmina bezeichnet und dienen dem Schutz der darunter liegenden, feinhäutigen Hinterflügel. Erst nach der Imaginalhäutung sind die Flügel der Männchen vollständig entwickelt, die im Gegensatz zu den Weibchen auch flugfähig sind. Foto: S. Schorn

WUSSTEN SIE SCHON?

Phasmiden besitzen die Fähigkeit zur Autotomie, die besonders bei den Stabschrecken stark ausgeprägt ist: An der Grenze zwischen Trochanter und Femur der Gespenst- und Stabschreckenbeine ist meist eine Sollbruchstelle entwickelt, die den Tieren das Abwerfen eines oder mehrerer Beine ermöglicht, was keine Gefahr für die Tiere bedeutet, da sich die Menge der austretenden Körperflüssigkeit (Hämolymphe) in Grenzen hält und durch eine spezielle Membran des Trochanters die Verletzung schnell wieder verschlossen wird. Das abgeworfene Bein bewegt sich noch viele Sekunden bis wenige Minuten und soll mit diesen zuckenden Bewegungen die Beutegreifer ablenken. Alle Nymphen sind in der Lage, die abgeworfenen Beine zu ersetzen. Bei der nächsten Häutung entsteht hierbei zunächst eine aufgerollte Extremitätenknospe, in der sich bei der folgenden Häutung ein voll ausgebildetes, jedoch deutlich kleineres Bein enthüllt. Mit der dritten Häutung hat das Bein fast wieder die vollständige Größe erreicht. Ausgewachsene (adulte) *E. tiaratum* können ihre verloren gegangenen Extremitäten nicht mehr regenerieren. Der Tarsus besteht normalerweise aus fünf Gliedern (Tarsomeren), der Tarsus regenerierter Beine dagegen ist immer nur viergliedrig.

tums sitzen, das aus dem darauf folgenden eigentlichen Mentum (Prämentum) und dem Submentum besteht. Der Kopf ist über bewegliche Spangen (Laterocervicalia) der Halshaut mit dem vorderen Thorax verbunden, der aus den drei Segmenten (von vorne nach hinten) Pro-, Meso- und Metathorax besteht. Am Meso- und Metathorax der geflügelten Insekten (Pterygota) befindet sich jeweils ein

Paar Flügel, die bei den flugunfähigen weiblichen *E. tiaratum* jedoch stark verkümmert und nur etwa 1,5 cm lang sind. Beide Flügelpaare sind deutlich voneinander zu unterscheiden. Die oberen Deckflügel sind schmal, vollständig sklerotisiert und verdecken das hintere Flügelpaar, das bei männlichen *E. tiaratum* nur während des Fluges oder in Abwehrstellung zu sehen ist. Die ursprünglichen Flügeladern entstammen den Versorgungsbahnen des Atmungssystems (Tracheen) und verleihen dem Flügel seine Stabilität. Das hintere Flügelpaar wird im Flug fächerförmig ausgebreitet und ist nur im vordersten Bereich sklerotisiert, dem Costalfeld oder Remigium. Es wird in Ruhe schmal zusammengefaltet und von den Vorderflügeln zum Großteil verdeckt.

Das Abdomen besteht aus elf Segmenten, deren Rückenplatten Terga (Einzahl: Tergum) genannt werden. Phasmiden atmen durch ein Tracheensystem, dessen Öffnungen sich in paariger Anordnung seitlich am Meso- und Metathorax und den ersten acht Abdominalsegmenten befinden. Diese Öffnungen werden als Stigmata (Einzahl: Stigma) oder Spiraculi (Einzahl: Spiraculum) bezeichnet und führen in ein weit verzweigtes Röhrensystem (die Tracheen) im Inneren des Körpers, das ihn mit Sauerstoff versorgt. Die obere Begrenzung der Afteröffnung, Epiproct oder Supraanalplatte genannt, wird durch das Tergum 11 gebildet. Am Anus liegen unten die paarigen, lappenförmigen Paraprocten an. Zwischen Epiproct und den Paraprocten entspringen die

Die Stigmata (Singular: Stigma) oder Spiraculi (Sg. Spiraculum) – hier zwei Stigmata an den Seiten des Abdomens eines Weibchens – sind Öffnungen des Atmungsorgans (Tracheensystem). Foto: S. Schorn

WUSSTEN SIE SCHON?
Anhand der Anzahl der Bauchplatten (Sterna, Einzahl: Sternum) des Abdomens lassen sich die Geschlechter unterscheiden. Männliche Gespenstschrecken besitzen neun Sterna, das letzte ist quer geteilt (sogenannte Subgenitalplatte oder Poculum). Weibchen haben acht Sterna, von denen das erste immer nahtlos mit dem Thorax verwachsen ist.

Die Antennen gliedern sich in zwei Grundglieder: den langen Schaft (Scapus), der am Kopf ansetzt, und den darauf folgenden, ebenfalls relativ langen Pedicellus. Daran setzt die spitz zulaufende Geißel an, die aus vielen ineinandergesetzten beweglichen Gliedern besteht. Zum Erkunden der Umgebung sind die paarigen Antennen mit zahlreichen Sinneszellen übersät, und neben der Tastfunktion dienen die Antennen auch als Riechorgan zum Wahrnehmen von Pheromonen. Foto: S. Schorn

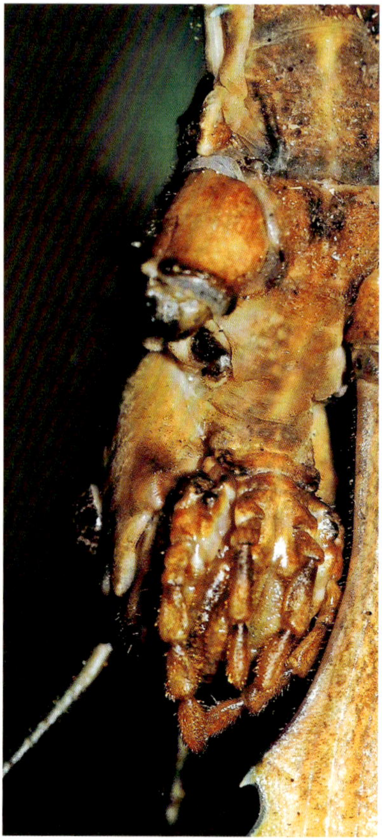

Die Mundwerkzeuge dieser weiblichen Australischen Gespenstschrecke und das daran ansetzende dreigeteilte Mentum sind gut erkennbar. Hinter dem Submentum liegt die sog. Gula – eine sklerotisierte Platte, die zum Schutz der weichen Halshaut (Cervix) dient. Foto: S. Schorn

paarigen Cerci, die als ungegliederte Tastorgane bei Paarung und Eiablage dienen.

Am Eiablageapparat (Ovipositor) liegen ein Paar Gonapophysen (spezialisierte Beinchen der Genitalsegmente) und die paarigen Genitalgriffel (Gonostyli), die über ein kleines Sklerit (Gonangulum) die Anhänge der beiden Genitalsegmente gelenkig miteinander verbinden. Zusammen werden Gonapophysen und Gonostyli generell als Ovipositorvalven bezeichnet und formen einen Gang, der die Eier nach dem Verlassen

WUSSTEN SIE SCHON?
Die vor- und zurückschaukelnde, wiegende und gleichsam chamäleonartige Fortbewegung ist außer bei *E. tiaratum* auch bei Wandelnden Blättern und vielen anderen Phasmiden zu sehen. Das meist erhobene und etwa bis zur Körpermitte gekrümmte Abdomen beginnt nicht nur bei Erregung auf- und abzuwiegen, sondern dies geschieht häufig auch, wenn die Tiere nicht gestört werden, wie etwa beim Fressen. Neben der Tarnung - als scheinbar vom Wind bewegtes Blatt - dient diese Bewegung womöglich auch der Verdauung.

der Geschlechtsöffnung aufnimmt. Die paarigen Anlagen der späteren Ovipositorvalven sind bereits nach der ersten Häutung von außen als rundliche Erhebungen am unteren Abdomenende der letzten beiden Segmente sichtbar und können zur sicheren Geschlechtsbestimmung der Nymphen dienen.

Besonders die Weibchen sind mit vielen Dornen ausgestattet, zudem weisen die Beine und der Rumpf blattartig erweiterte Fortsätze auf, die vor allem am gedrungenen Abdomen verbreitert sind. Die Weibchen hängen zumeist mit skorpionartig aufgerichtetem Abdomen kopfüber an der Unterseite von Zweigen zwischen den Blättern. Ihre unauffällige Färbung trägt das Übrige dazu bei, dass ihre Gestalt der eines welken Laubblattes gleicht (Mimese) und die Tiere somit nur schwer zu erkennen sind, was einen großen Schutz vor möglichen Angreifern bietet. Die Männchen sind nur wenig bedornt.

Die Rückenplatten des Abdomens werden als Terga (Sg. Tergum) bezeichnet, die hier zu sehenden Bauchplatten als Sterna (Sg. Sternum). Das erste Abdomensegment ist mit dem Metathorax fest verwachsen.
Foto: S. Schorn

Die Endkrallen sind mit einem feinen Haarflaum ausgestattet, der mit dem bloßen Auge allerdings kaum zu sehen ist. Zwischen den beiden Endkrallen befindet sich eine saugnapfartige Scheibe (Scopula), die mit feinen Hafthärchen versehen ist. Foto: S. Schorn

Größe, Masse und Alter

DIE Größe von *E. tiaratum* liegt bei frisch geschlüpften Nymphen bei 18–20 mm. Weibliche *E. tiaratum* werden bis zu 15 cm lang (meist 14 cm), wohingegen die männlichen Tiere nur eine Körperlänge von 9 cm, seltener bis max. 10 cm erreichen.

Die Masse der stattlichen Weibchen kann bis zu 30 g betragen, wobei sie es auf etwa das zehnfache Körpergewicht der wesentlich schlankeren Männchen bringen. Weibchen von *E. popa* werden mit bis zu 65 g sogar mehr als doppelt so schwer wie *E. tiaratum*. Wie bei allen Phasmiden sterben die Männchen von *E. tiaratum* früher als die Weibchen. Nach der Imaginalhäutung (= Häutung zum vollständig entwickelten Insekt) erreichen Männchen noch ein Alter von 3–5 Monaten, während Weibchen eine Lebenserwartung von 8–12 Monaten haben. Die frisch geschlüpften Jungtiere benötigen etwa 6–8 Monate, bis sie alle Nymphenstadien abgeschlossen haben. Mit sieben Häutungen entwickeln sich weibliche *E. tiaratum* dabei schneller als die Männchen, die sechs Häutungen durchlaufen, bis sie sich zur geschlechtsreifen Imago entwickelt haben.

Semiadultes Weibchen von *Extatosoma tiaratum*. Nach der folgenden letzten Häutung zum geschlechtsreifen adulten Insekt, der sog. Imago, wächst das Tier nicht mehr und hat die Entwicklung somit abgeschlossen. Foto: S. Schorn

Geschlechtsunterschiede und Färbung

DER Geschlechtsdimorphismus (unterschiedlicher Körperbau der Geschlechter) ist bei dieser Art besonders stark ausgeprägt und bei Imagines so deutlich, dass der Laie Männchen und Weibchen für zwei verschiedene Arten halten könnte. Im Gegensatz zu männlichen *Heteropteryx-dilatata*-Imagines, die denen von *E. tiaratum* auf den ersten Blick recht ähnlich sehen, sind Letztere zum aktiven Fluge fähig, während *H. dilatata* nur zu Gleitflügen in der Lage ist und die rot gefärbten Hinterflügel bei dieser Art vorwiegend zur Abschreckung dienen. Auch in größeren Terrarien machen männliche Imagines von *E. tiaratum* nur selten von ihren Flügeln Gebrauch, solange sie ausreichend Nahrungspflanzen zur Verfügung haben. Vom zweiten Entwicklungsstadium an gleichen die Nymphen in ihrem Aussehen bereits den Imagines. Die Stacheln auf den ersten drei Abdominalsegmenten des Rückens der Nymphen deuten auf weibliche Tiere hin, bei Männchen fehlen sie.

Der Ovipositor setzt sich aus den Anhängen des achten und neunten Abdominalsegmentes zusammen, wobei das achte ein Paar spezialisierte Fortsätze der Genitalsegmente besitzt, die sog. Gonapophysen. Das neunte Segment trägt ein weiteres Paar Gonapophysen und die Genitalgriffel (Gonostyli), die über ein kleines Sklerit, das Gonangulum, die Anhänge beider Genitalsegmente gelenkig miteinander verbinden. Die Gonapophysen und Gonostyli werden gemeinsam als Ovipositorvalven bezeichnet und formen einen Gang, der die Eier nach dem Austreten aus der Geschlechtsöffnung zur Eiablage aufnimmt. Diese paarigen Anlagen der späteren Ovipositorvalven sind bereits nach der ersten Häutung äußerlich sichtbar und können zur sicheren Geschlechtsbestimmung herangezogen werden. Gelegentlich lässt *E. tiaratum* seine Eier einfach aus dem Ovipositor herausfallen. Zumeist werden diese aber mit Hilfe des Operculums davongeschleudert.
Foto: S. Schorn

***E. tiaratum*, männliche Imago, Rückenansicht** Foto: S. Schorn

Die Färbung der Männchen ist ein unscheinbares Braungrau bis Rötlichbraun. Auch die Weibchen sind nicht sehr auffällig gefärbt. Neben hellbraunen und ockerfarbenen Exemplaren gibt es seltener auch braungrün und rötlich braun getönte Tiere. Frisch geschlüpfte Nymphen tragen eine dunkelbraune bis schwarzgraue Grundfarbe, ein weißes „Halsband“ und haben einen orangerot gefärbten Kopf.

Weibliche *Extatosoma tiaratum*
Foto: S. Schorn

Verbreitung und Lebensraum

DAS Vorkommen von *E. tiaratum* liegt nicht nur in Australien, wie die deutsche Bezeichnung „Australische Riesengespenstschrecke“ vermuten ließe, sondern erstreckt sich auch über benachbarte Inselgruppen bis nach Neuguinea. Besonders im nordöstlichen australischen Bundesstaat Queensland ist *E. tiaratum* weit verbreitet und zählt hier zu den häufigsten Gespenstschrecken. Insgesamt sind derzeit mehr als 110 bekannte Phasmidenarten in Australien vertreten. Neuguinea war früher mit Australien verbunden und ist durch Verschiebung der Kontinentalplatten und sowie Erhöhung des Meeresspiegels zu einer Insel geworden. Die Ausbreitung der

Semiadultes Weibchen von *Extatosoma tiaratum* mit aufgerichtetem Vorderkörper. In dieser typischen Haltung sucht die Phasmide mit ihren Vorderbeinen tastend nach Halt auf Blättern oder Zweigen, da ihr Instinkt sie zum Klettern in die oberen Strauchzweige führt. Foto: S. Schorn

Erstes Nymphenstadium. In diesem Entwicklungszustand betreiben die Nymphen Mimikry zur Ameisengattung *Leptomyrmex*. Foto: T. Adam

behäbigen und standorttreuen *E. tiaratum* auf einige kleine Inseln dagegen erfolgte wahrscheinlich über Vögel, die die samenähnlichen Eier fraßen und an anderen Orten wieder ausschieden.

Den Lebensraum von *E. tiaratum* bilden trockene Wald- und Buschgebiete, und die Tiere besiedeln dabei auch Gebiete, die den meisten anderen Phasmiden-Arten aufgrund fehlender Feuchtigkeit verwehrt bleiben. Das natürliche Habitat bilden hohe Gräser, Sträucher und die Baumkronen, wo sie sich im mittleren bis oberen Bereich aufhalten. Von frisch geschlüpften Jungtieren abgesehen, ist *E. tiaratum* kaum auf dem Bodengrund vorzufinden, und meist nur dann, wenn die Phasmide von einer Nahrungspflanze zur nächsten wechselt.

Verteidigung

EXTATOSOMA *tiaratum* verfügt über eine Vielzahl von Möglichkeiten zur Verteidigung, die sich in primäre (passive) und sekundäre (aktive) Abwehrverhalten unterscheiden lassen.

1) Schon die Eier sind als solche kaum zu erkennen, sondern ähneln vielmehr Pflanzensamen. Am Eideckel (Operculum) befindet sich eine rundliche Kapsel (Capitulum), die Geruchsstoffe enthält, die Ameisen anlocken. Die Eier von *E. tiaratum* werden daher von den Ameisen in ihren Bau geschleppt, wo sie vor Vögeln und anderen Räubern

Noch zwei Häutungen fehlen dieser weiblichen Australischen Gespenstschrecke bis zur vollständig entwickelten Imago. Mit aufgerichtetem Abdomen und aufgerichteten, aneinander gelegten Vorderbeinen verharrt sie in der charakteristischen Ruhestellung. In Form und Färbung ähnelt sie einem vertrockneten Blatt. Eine solche Täuschung durch Nachahmen von Pflanzenteilen wird als Mimese bezeichnet. Foto: S. Schorn

Die blattähnlichen Verbreiterungen an den Beinen (sog. Loben) sowie das an den Seiten blattartig verbreiterte Abdomen sind mit zahlreichen Dornen versehen. Diese Tarnung dient der primären (passiven) Abwehr, in der nahezu alle Phasmiden wahre Meister sind. Foto: S. Schorn

relativ sicher sind. Auch die Ameisen selbst verzehren zwar eingeschleppte Samen, rühren aber die Eier von *E. tiaratum* selten an. Im Ameisenbau geschützt, verbringen die Eier hier bis zu drei Jahre unter der Erde (Seiler et al. 2000).

2) Im Gegensatz zur ruhigen Lebensweise der Imagines sind die Nymphen direkt nach dem Schlupf und in den ersten Tagen ihres Lebens sehr agil. Sie laufen und klettern so lange umher, bis sie eine geeignete Nahrungspflanze gefunden haben. Aufgrund ihres Bewegungsmodus und besonders durch ihr Aussehen, das dem einer sehr wehrhaften australischen Ameisengattung (*Leptomyrmex*) gleicht, werden die Nymphen von vielen Fressfeinden gemieden. Das Nachahmen wehrhafter oder giftiger Tiere wird als Mimikry bezeichnet und ist bei den Insekten häufig anzutreffen. Die weiblichen Imagines von *E. tiaratum* erinnern mit ihrem aufgerichteten Abdomen an einen Skorpion.

Der Korallenfinger-Laubfrosch (*Litoria caerulea*) ist einer der zahllosen natürlichen Fressfeinde der Australischen Gespenstschrecke. Foto: S. Schorn

3) Die vorwiegend nachtaktive Lebensweise und der Aufenthalt in hoch gelegenen Schlaf- und Versteckplätzen wie Bäumen, Sträuchern etc. bieten weiteren Schutz vor möglichen Fressfeinden.

4) Der schaukelnde Gang und die langsame Fortbewegungsweise der weiblichen Imagines lassen sie wie ein vom Wind bewegtes Blatt wirken (Mimese), sodass die Tiere kaum erkannt werden. Überdies sieht *E. tiaratum* durch die bräunliche Färbung und ihre Gestalt ab dem zweiten Nymphenstadium einem vertrockneten Blatt sehr ähnlich. Nicht nur die Eier, sondern auch die Tiere selbst betreiben also Pflanzenmimese. Besonders die Weibchen sind durch ihre zahlreichen Dornen des Körpers in bedornten Sträuchern gut getarnt.

5) Das Versprühen von Wehrsekreten ist zur aktiven Abwehr von Feinden ein wirksamer Schutz. Bei *E. tiaratum* wird das Wehrsekret vom Menschen jedoch nicht wahrgenommen, da es geruch-, farb- und geschmacklos ist und auch keine Gesundheitsschäden verursachen kann. Anders als über die Wehrsekretdrüsen, scheiden besonders die männlichen Imagines von *E. tiaratum* eine

bräunliche, leicht orangefarbene Flüssigkeit aus, in der sich auch eine breiige Masse aus dem Darminhalt befindet.

6) Das Abwerfen von Beinen (Autotomie), um Fressfeinde abzulenken, und auch das klappmesserartige Zuschnappen der dornbewehrten Beine wird von *E. tiaratum* nur selten und ausschließlich in absoluten Notsituationen ausgeführt.

7) Dagegen wird besonders von den Nymphen von der Fähigkeit der Thanatose Gebrauch gemacht. Hierzu stellen sich die Tiere mit ausgestreckten und eng an den Körper angelegten Gliedmaßen tot und verharren so lange regungslos, bis die Gefahr vorüber zu sein scheint.

8) Die Imagines der weiblichen *E. tiaratum* schaukeln auf der Stelle hin und her, wenn sie z. B. von Fressfeinden entdeckt wurden. Dadurch werden die Beutegreifer oft verwirrt oder verlieren das Tier zwischen den vom Wind bewegten Blättern wieder aus den Augen.

Foto: K. Kunz

Rechtliche Grundlagen und Erwerb

AUSTRALIEN hat ein Exportverbot für alle dort vorkommenden Tier- und Pflanzenarten verhängt, jedoch wird *E. tiaratum* in Deutschland und den Nachbarländern in ausreichender Zahl nachgezogen und ist daher jederzeit legal zu bekommen.

WUSSTEN SIE SCHON?

Bei der Entwicklung von Insekten unterscheidet man zwei Gruppen: Zur ersten zählen solche mit einer vollkommenen Umwandlung (holometabole Metamorphose), bei der sich die Larven in Aussehen und Lebensweise von ihren Eltern unterscheiden, um nicht um deren Lebensraum und Nahrung zu konkurrieren. Bekannte Beispiele sind z. B. Schmetterlinge und Raupen, Fliegen und Maden, Käfer und Engerlinge etc. - die Larven entwickeln sich hier erst nach einer Puppenruhe zum vollständig umgewandelten und entwickelten Insekt. Gespenstschrecken gehören dagegen zur Gruppe der Insekten mit einer unvollkommenen Verwandlung (hemimetabole Metamorphose). Die Jungtiere werden als Nymphen bezeichnet und durchlaufen mehrere Entwicklungsstadien, bis sie sich mit der letzten Häutung (Imaginalhäutung) zum vollständig entwickelten und damit geschlechtsreifen Insekt (Imago, Plural: Imagines) umgewandelt haben.

Für die Haltung von Phasmiden sind keine Bescheinigungen oder Kaufbestätigungen erforderlich.

Einige Vereine bzw. deren Mitglieder bieten immer Phasmiden zum Kauf – oder im Tausch mit anderen Arten – an. Auf Terraristik- und Insektenbörsen ist in den letzten 10 Jahren ein regelrechter Boom der Phasmidenhaltung zu beobachten. Hier zählt *E. tiaratum* zu den „Publikumslieblingen“ und ist unter allen Phasmatodea-Arten derzeit die am häufigsten nachgezüchtete Spezies. Kontakte zu Züchtern erhält man über Kleinanzeigen z. B. im Internet-Portal von REPTILIA und TERRARIA (www.reptilia.de bzw. www.terraria-online.de) oder auf anderen Kleinanzeigenseiten im Internet.

Auch im Zoofachhandel zählt *E. tiaratum* zu den am häufigsten angebotenen Phasmiden und kann auf Anfrage (mit einer geringen Wartezeit) meist bestellt werden, falls diese begehrten Tiere gerade mal wieder „ausverkauft“ sind.

Zum Transport eignen sich mit Küchenpapier ausgelegte und mit Luftlöchern versehene Klarsichtdosen (Heimchendosen), in die einige Brombeerblätter (am Stängel mit feuchtem Küchenpapier umwickelt) zugefügt werden. Das Terrarium sollte zuvor schon für die Ankömmlinge entsprechend eingerichtet sein.

Extatosoma tiaratum wird schon seit Jahrzehnten erfolgreich nachgezüchtet und zählt zu den für Einsteiger besonders geeigneten Arten. Frisch geschlüpfte Nymphen

Australische Riesengespenstschrecken sind jederzeit problemlos als Nachzuchten erhältlich.
Foto: K. Kunz

sind zwar günstig, aber empfindlicher als halbwüchsige Tiere. Dagegen sind die Imagines robuster, haben aber aufgrund ihres Alters nur noch eine geringe Lebenserwartung, was insbesondere für die Männchen gilt. Nymphen ab dem dritten Entwicklungsstadium sind besonders geeignet für den Anfänger, um Enttäuschungen zu vermeiden. Wenn eine Zuchtgruppe aufgebaut werden soll, ohne dass man lange auf Nachwuchs warten möchte, empfiehlt es sich, für den Anfang etwa 5–10 weibliche Nymphen des dritten Nymphenstadiums und ein adultes Männchen sowie 2–3 weibliche Imagines anzuschaffen. Somit erhält man regelmäßig Eier für die weiteren Nachzuchten und kann gleichzeitig die Nymphen beim Wachstum beobachten. Nymphen kosten wenige Cent bis einen Euro, während Imagines im Extremfall mit bis zu 15 Euro gehandelt werden. Die (un-)verhältnismäßig hohen Preise rühren daher, dass die Nachfrage noch immer größer als das Angebot dieser produktiven und leicht zu vermehrenden Art ist, was zugleich den Vorteil birgt, dass diese schönen und faszinierenden Insekten nicht als kostengünstige Futtertiere enden.

Nymphen mit einem fehlenden Bein können dieses Handicap bei der nächsten Häutung beheben, einem Kauf steht also nichts im Weg.

Häutung

DA die feste Außenhaut (das Exoskelett) aller Arthropoden nicht mitwächst, müssen sich auch Gespenstschrecken häuten, um wachsen zu können. Die Häutung ist mit einer erhöhten Verletzlichkeit für die Tiere verbunden und kostet sie viel Energie, weshalb man die geschwächten *E. tiaratum* während dieser Zeit nicht unnötig stören sollte.

Ein bis zwei Tage zuvor stellt die Nymphe die Nahrungsaufnahme ein und sucht sich einen hoch gelegenen Platz für die bevorstehende Häutung. Dort hängt sie sich kopfüber an einen Zweig oder an ein Blatt und verharrt dort viele Stunden bis wenige Tage regungslos. Durch Erhöhung des Körperinnendrucks, wobei die Nymphe Luft durch die Tracheen in ihren Körper pumpt, platzt die Außenhaut am Hinterkopf der Nymphe auf. Sie krümmt nun ihren Körper und schiebt dadurch den Prothorax nach außen. Nach Kopf und Fühler folgen der restliche Thorax und das Abdomen. Nachdem die Nymphe auch ihre Beine aus der alten Hauthülle (Exuvie) befreit hat, ruht sie sich noch einige Stunden in der unmittelbaren Nähe aus und pumpt Luft durch die Tracheen, bis sich ihre neue Kutikula (Außenskelett) ausgedehnt hat und ausgehärtet ist. Eine sich in der Häutungsphase befindende Nymphe ist sehr stressanfällig, weshalb man zu dieser Zeit mit dem Futterpflanzenwechsel warten und das Tier nicht stören sollte. Lässt sich ein Futterpflanzenwechsel nicht vermeiden, stellt man ein Gefäß mit frischen Futterpflanzen in das Becken, und sobald die Nymphen auf die frischen Futterpflanzen übergegangen sind und sich keine in der Häutung befindlichen Tiere mehr auf den alten Futterresten befinden, können diese aus dem Becken entfernt werden. Meist wird die abgestreifte Exuvie völlig oder teilweise aufgefressen, da sie viele Nährstoffe enthält. Wenn die Exuvie nach der Häutung aber zu Boden gefallen ist, bleibt sie dort unbeachtet liegen.

Gelegentlich kann es bei *E. tiaratum* zu Häutungsschwierigkeiten kommen, die im schlimmsten Fall den Tod des Tieres bedeuten – Häutungsschwierigkeiten zählen neben dem natürlichen Alterstod zu den häufigsten Todesursachen der Gespenstschrecken im Terrarium. Um dem entgegenzuwirken, sind im Folgenden die häufigsten Ursachen von Häutungsschwierigkeiten sowie effektive Gegenmaßnahmen aufgeführt:

1. Ursache: Das Terrarium ist mit zu vielen Futterpflanzen versehen, sodass die Tiere keinen Platz finden, um sich ungestört häuten zu können.	**Gegenmaßnahme:** Der vordere Teil des Terrariums sollte ausreichend (mindestens 40 %) freie Flächen aufweisen. Deshalb ggf. Pflanzen entnehmen oder zurückschneiden.
2. Ursache: Das Terrarium ist zu niedrig.	**Gegenmaßnahme:** Das Terrarium muss mindestens drei Mal so hoch wie das längste darin befindliche Tier sein.
3. Ursache: Das Terrarium ist mit zu vielen Tieren besetzt, sodass die sich häutende Nymphe ständig gestört wird oder gar zu Boden fällt, wenn andere Artgenossen über sie hinweglaufen. Ist die Nymphe zu schwach oder ist die Häutungsphase bereits so weit fortgeschritten, dass das Tier nicht erneut hochklettern kann, so stirbt es am Boden.	**Gegenmaßnahme:** Besatzdichte verringern und die zu Boden gefallene Nymphe (evtl. in einem separaten Becken) wieder an einen Zweig hängen. Bei fortgeschrittener Häutungsphase eine Wäscheklammer an einem Zweig befestigen und die Nymphe mit den Vorderbeinen der Exuvie (natürlich nur, wenn die Vorderbeine bereits zumindest teilweise aus der Exuvie herausgezogen sind) daran festklammern.
4. Ursache: Die Temperatur ist zu hoch oder zu niedrig, sodass die Nymphe schon im Vorfeld der Häutung zu geschwächt ist.	**Gegenmaßnahme:** Für die optimale Temperatur (23–27 °C) sorgen.
5. Ursache: Die Luftfeuchtigkeit ist zu hoch, wodurch die Nymphe von den feuchten Zweigen abrutscht oder es ihr nicht gelingt, die zu eng gewordene Außenhaut aufzusprengen, da sich diese zu sehr dehnt.	**Gegenmaßnahme:** Durch ausreichende Belüftung (und ggf. Abwischen des Kondenswassers von den Scheiben und Einbringen von trockenem Bodengrund) die Luftfeuchtigkeit absenken.
6. Ursache: Die Luftfeuchtigkeit ist zu niedrig, weshalb die alte Hauthülle bereits austrocknet, bevor sich die Nymphe daraus befreien kann.	**Gegenmaßnahme:** Durch Sprühen mit warmem Wassernebel die Luftfeuchte auf ca. 80 % erhöhen.

Eine weibliche Australische Gespenstschrecke bei der Häutung. Durch Erhöhung des Körperinnendrucks platzt die Kutikula am Mesothorax auf, und die Phasmide drückt ihren Thorax hindurch, zieht den Kopf hinaus ins Freie und windet sich aus der Hauthülle. Dieser Vorgang ist sehr anstrengend, und daher werden immer wieder kleinere Ruhepausen eingelegt. Auch nach der Häutung ruht sich die Gespenstschrecke zunächst aus, pumpt Luft in ihren Körper, bis sich dieser auf seine vollständige Größe ausgedehnt hat, und verharrt so lange auf der Stelle, bis ihr noch weicher und somit sehr empfindlicher Körper ausgehärtet ist. Häufig wird die Exuvie (oder Teile davon) verzehrt, da sie wertvolle Mineralstoffe enthält. Fotos: S. Schorn

Präparation

NICHT verzehrte und damit vollständig erhaltenen gebliebene Exuvien bilden ein genaues Replikat der daraus geschlüpften Nymphe. Bis auf die Aufbruchstelle am Thorax ist diese Hauthülle vollständig geschlossen und mit den Gliedmaßen verbunden, einschließlich der Fühler und Krallen. Solange die Exuvie noch feucht und weich ist, lässt sie sich biegen und formen. Im getrockneten Zustand ist sie dagegen starr und leicht zerbrechlich. Um das Wachstum der Nymphen zu dokumentieren, können die Exuvien gesammelt und aufbewahrt werden. Wenn die Exuvien in Fotoalben, Klarsichthüllen oder zwischen zwei Klarsicht-Tesafilmstreifen aufbewahrt oder eingeklebt werden, sollte dies am besten geschehen, solange die Exuvie noch frisch und weich (biegsam) ist. Bei trockenen und starren Exuvien hilft ein warmes Wasserbad (oder besser Wasserdampf), um evtl. die Körper- und Beinform zu richten. Nicht ganz so platzsparend, aber dafür umso ansehnlicher ist es, die Exuvien unverändert (wie vorgefunden) trocknen zu lassen und sie in Klarsichtgefäßen (z. B. Heimchendosen) aufzubewahren. Beim Anfassen ausgehärteter Exuvien ist Vorsicht geboten, denn die Beine und besonders die Fühler brechen bei grobem Umgang leicht ab. Verstorbene Nymphen und Imagines können ebenfalls getrocknet, besser aber in Alkohol (ab 35 %) oder handelsüblichem Brennspiritus konserviert und aufbewahrt werden. So eingelegte Präparate bleiben lange erhalten und

Krankheiten und Parasiten

ÜBER dieses Thema ist bei Phasmiden nur sehr wenig bekannt, doch soll im Folgenden auf einige gesundheitliche Probleme hingewiesen werden.

Durch Schadstoffe, die über Futterpflanzen aufgenommen werden und zu einer Vergiftung führen, sind besonders die Nymphen gefährdet. Um solch eine Vergiftung auszuschließen, sollten die Futterpflanzen von unbelasteten Standorten stammen – im Idealfall werden sie selbst angebaut. Pflanzen, die an Parkanlagen oder nahe

sind auch keinen Gefahren durch Zersetzung, Pilz- oder Schädlingsbefall ausgesetzt. Am

Richtig präpariert sind Australische Gespenstschrecken auch nach ihrem Ableben eindrucksvolle Sammlerstücke.
Foto: T. Adam

unempfindlichsten und haltbarsten sind in Kunstharz eingegossene Trockenpräparate, die zuvor einige Wochen bis Monate in Spiritus konserviert wurden.

landwirtschaftlich genutzten Flächen gedeihen, sind meist mit Pestiziden und anderen Giften belastet. Dasselbe gilt für Gewächse, die an den Rändern stark befahrener Straßen wachsen, auch sie sollten daher nicht als Nahrungspflanzen Verwendung finden.

Staunässe und stehende Luft führen zu einer hohen Sterblichkeit bei den eher Trockenheit liebenden *E. tiaratum*, weshalb für eine ausreichende Luftzirkulation in den Terrarien gesorgt werden muss. In feuchten Terrarien mit wenig Luftzirkulation kann es leicht zu einem Befall mit kleinen, schwarzen Fliegen aus der Familie Phoridae (Buckelfliegen) kommen, die *Drosophila* ähnlich sehen. Tritt eine solche Plage durch Fliegen und deren Larven (Maden) auf, hilft es, die Terrarien komplett auszuräumen, auszuwaschen und den Bodengrund vollständig zu erneuern. Ein Befall lässt sich weitgehend vermeiden, wenn der Bodengrund möglichst trocken und vor allem sauber gehalten wird (einmal wöchentlich durchsieben!). Natürliche Parasiten wie Schlupfwespen (Ichneumoniden), Raupen- oder Schmarotzerfliegen (Tachiniden) und Fadenwürmer (Nematoden) spielen in der Terrarienhaltung von Phasmiden gewöhnlich keine Rolle. Schon eher werden Spinnen oder Milben mit den Futterpflanzen ins Terrarium eingeschleppt. Von Spinnen kann – besonders für die Nymphen – eine Gefahr ausgehen. Wenn die Futterpflanzen mit Wasser abgebraust oder zumindest nach Spinnentieren abgesucht werden, lassen sich diese Passagiere jedoch fernhalten. Milben vermehren sich im feuchtwarmen Terrarienklima oft massenhaft bis zur Plage.

Wenn sie sich durch Austausch des Bodengrundes und eine gute

Durch richtige Haltungsbedingungen kann man gesundheitliche Risiken für die Australischen Gespenstschrecken minimieren. Foto: T. Adam

Belüftung nicht dauerhaft beheben lässt, helfen oft nur noch chemische Mittel (z. B. von Bayer: Blattanex), die aber nur mit äußerster Vorsicht (Packungsbeilage beachten!) angewandt werden sollten, um den eigenen Tierbestand nicht zu gefährden. Bei der Verwendung von Blattanex ist darauf zu achten, dass sich keine Tiere (bzw. Arthropoden, für Wirbeltiere kurzzeitig ungefährlich) mehr in dem zu behandelnden, milbenbefallenen Raum befinden. Nachdem das Präparat etwa in der Mitte des Raumes aufgestellt wurde, wird der Raum (bei geschlossenen Fenstern und Türen) etwa 24 Stunden lang nicht mehr betreten (auch Nahrungs- oder Futtermittel sind vorher herauszunehmen). Der Blattanex-Streifen wird dann wieder in der Folie verpackt und der Raum anschließend für mehrere Stunden gut gelüftet, bevor die Tiere wieder in dem Raum untergebracht werden können.

Auf feuchtem und verunreinigtem Bodengrund finden sich häufig 0,5–4 mm kleine weiße Tierchen, die bis zu 15 cm hoch in die Luft springen können, wenn sie berührt werden. Diese winzigen Gliederfüßer, die heute als eigene Klasse (Springschwänze, Collembola) von den Insekten abgetrennt werden, ernähren sich von Pilzen und verrottendem organischen Material, sind also keineswegs schädlich, sondern erweisen sich auch im Terrarium als sehr nützlich, da sie sich u. a. auch Schimmelpilze einverleiben. Ein massenhaftes Auftreten dieser Tierchen zeugt von einer zu hohen Luftfeuchtigkeit im Terrarium von *E. tiaratum* und schlechter Durchlüftung. Unsauberkeit und zu feuchte und zu warme Luft aber können bei den Imagines Durchfall auslösen. Feuchtwarme stehende Luft führt auch zu einer rasanten Ausbreitung von Schimmelpilzen. Durch eine regelmäßige Reinigung und das Trockenhalten des Bodengrundes lässt sich ein Pilzbefall vermeiden. Auch eine gute Durchlüftung wirkt sich pilzhemmend aus.

Fauliges Wasser stellt eine weitere tödliche Gefahr für die Tiere dar, aber auch generell offene Wasserflächen wie z. B. unverschlossene Wassergefäße der Futterpflanzen, in denen besonders hineingefallene Nymphen leicht ertrinken. Man sollte darum nur enghalsige Wassergefäße verwenden und zusätzlich die Öffnung z. B. mit Schwamm abdichten.

Ernährung

DIE Nahrungspflanzen von *E. tiaratum* in ihrem natürlichen Lebensraum sind z. B. Eukalyptus (*Eucalyptus*), Myrte (*Myrtus*) oder Echte Akazie (*Acacia*). Pflanzen dieser Gattungen sind gewöhnlich nur über den Floristen, aus Baumschulen oder über Botanische Gärten erhältlich. Auch wenn sich unter den Gespenstschrecken einige Nahrungsspezialisten befinden, die nur wenige bestimmte Pflanzen als Nahrung akzeptieren, gelten die meisten Arten als polyphag, sind also bezüglich ihrer Nahrungspflanzen nicht sehr wählerisch. Auch *E. tiaratum* gibt sich mit vielen bei uns heimischen Pflanzen zufrieden und leidet auch nicht an Mangelerscheinungen, wenn man nur ein oder zwei verschiedene Arten der heimischen Nahrungspflanzen verfüttert. Um seinen Pfleglingen dennoch abwechslungsreiches Futter anbieten zu können, findet sich im Folgenden eine Auswahl geeigneter Pflanzenarten. Nahezu 90 % aller in Terrarienhaltung befindlichen Gespenstschrecken können mit den Blättern der „Universalpflanze" Brombeere (*Rubus fruticosus* agg.) sowie denen der Himbeere (*Rubus idaeus*) ernährt werden. Auch *E. tiaratum* ist mit diesen Pflanzen zufriedenzustellen, wenn zumindest im Sommer auch Eichenlaub (*Quercus* spp.) gereicht wird. Brombeerblätter sind selbst im tiefsten Winter noch grün und überall häufig, die stachellosen (der al-

Solche Kleinbild-Filmdosen lassen sich optimal als Vase für Aufzuchtterrarien verwenden, wenn der Deckel in der Mitte x-förmig eingeschnitten wird. Ebenso geeignet (und wegen ihrer Klarsichtigkeit noch besser) sind kleine Schnapsgläschen, die mit einem Schwammstück gegen Ertrinken der Nymphen verschlossen werden müssen. Foto: S. Schorn

Brombeerhecken bieten ganzjährig Futter für die Gespenstschrecken. Foto: T. Adam

lein in Deutschland über 400) Arten werden allerdings leider weniger gern verzehrt. Braune oder gelbe und vertrocknete Blätter sollten vor dem Verfüttern abgeschnitten und Pflanzen von stark befahrenen Straßenrändern (aus den beschriebenen Gründen) gemieden werden – auch dann, wenn gerade dort die scheinbar ansehnlichsten Pflanzen wachsen. Weitere Pflanzengruppen, die als Nahrung für *E. tiaratum* Verwendung finden, aber nicht ausschließlich, sondern nur zusätzlich als „Beifutter" angeboten werden können, sind Rose (*Rosa* spp.), Weißdorn (*Crataegus* spp.), Feuerdorn (*Pyracantha* spp.), Eberesche oder Vogelbeere (*Sorbus aucuparia* und andere *Sorbus* spp.), Erdbeere (*Fragaria* spp.), Quitte (*Cydonia oblonga*), Zwergmispel (*Crotoneaster* spp.), Buche (*Fagus* spp.), Esskastanie oder Marone (*Castanea sativa*), Alpenrose oder Rhododendron (*Rhododendron* spp.), Scheinbeere/Sallal (*Gaultheria* spp.), Wilder Wein (*Vitis* spp.), Kirsche, Lorbeerkirsche, Mandel und Pflaume (*Prunus* spp.), nicht zu verwechseln mit Lorbeer (*Laurus*)!, Haselnuss (*Corylus* spp.) und Efeu (*Hedera* spp.). All diese Pflanzen sollten nur selten verfüttert werden, da sonst Mangelerscheinungen auftreten. Zu den Gewächsen, die bei *E. tiaratum* sehr beliebt sind, aber selbst aus Samen gezogen oder über Gärtnereien (oder als Rückschnitt von Botanischen Gärten) bezogen werden müssen, zählen Eukalyptus (*Eucalyptus* spp.), Brautmyrte (*Myrtus* spp.), Guave (*Psidium guajava*), Echte Akazie (*Acacia* spp.), Mangobaum (*Mangifera indica*), Johanniskraut (*Hypericum* spp.), Zimt-Kampferbaum (*Cinnamomum* spp.) und Liguster (*Ligustrum* spp.).

DER PRAXISTIPP
Eine flache Tonschale, die unter das Wassergefäß gestellt wird, fängt überschüssiges Wasser auf, falls beim Nachfüllen des verdunsteten Wassers zu viel hineingegossen wurde, wodurch das Durchnässen des Bodengrundes vermieden wird. Dieser lässt sich im feuchten Zustand zum Reinigen kaum durchsieben, da er verklumpt. Das evtl. zu viel aufgefüllte und übergeschwappte Wasser sollte z. B. mit einem Schwamm aus der Tonschale entfernt werden. Um ein Übergießen möglichst vermeiden zu können, wählt man am besten klarsichtige Wassergefäße und eine Gießkanne mit einem langen und dünnen Hals.

Wer das große Glück hat, ein beheiztes Gewächshaus zu besitzen, der kann nicht nur die Futterpflanzen darin selbst aufziehen, sondern auch *E. tiaratum* und andere Phasmiden darin hervorragend halten und nachzüchten.

Damit sich die genannten Pflanzen im Terrarium lange halten und nicht so schnell verwelken, werden sie in wassergefüllte Gefäße gestellt. Für kleine Terrarien mit Nymphenbesatz bieten sich dafür entsprechend kleine Gefäße wie z. B. die Dosen von Kleinbildfilmen an. In größeren Terrarien können z. B. klarsichtige PVC-Flaschen (0,33 l) als Vase für die Futterpflanzenzweige verwendet werden. Das Wasser ist bei jedem Futterwechsel auszutauschen, um Fäulnis zu vermeiden.

Damit keine Nymphen in das Wassergefäß hineinfallen und ertrinken könnten, sollte dessen Öffnung mit einem Schwammstück verschlossen werden. Als Sichtblende sind gewölbte Stücke der Korkeichenrinde ideal, die vor dem Wassergefäß aufgestellt zugleich Halt geben, sodass das Gefäß nicht so schnell umkippen kann.

Die gern als Futterpflanze akzeptierte Eiche (*Quercus* spp.) kommt in etwa 600 Arten vor. Foto: S. Schorn

Frisch geschlüpfte Nymphen laufen in den ersten Stunden beinahe pausenlos umher und sind in den ersten Tagen ihres Lebens ausgesprochen agil, was sie viel Energie kostet. Damit die jungen Nymphen dabei nicht trotz Futterangebots verhungern, da sie hauptsächlich an den Terrarienscheiben entlanglaufen, sollten die Futterpflanzen (Brombeere)

die Terrarienseitenwände und die Rückwand berühren bzw. daran anliegen.

Da *E. tiaratum* Wasser nicht aus Gefäßen am Bodengrund, sondern über die Nahrung und die Feuchtigkeit beim Sprühen aufnimmt, brauchen keine Wassergefäße (abgesehen natürlich von den Vasen für die Futterpflanzen) ins Terrarium eingebracht werden. Wenn man nicht täglich oder zumindest mehrmals wöchentlich mit Wasser sprühen kann (z. B. aufgrund einer Urlaubsreise etc.) und sich niemand findet, der die Tiere in dieser Zeit versorgt, kann ein gut feuchter Schwamm im Terrarium für Feuchtigkeit sorgen. Auch Ultraschall-Wasservernebler sind hierfür geeignet. Allerdings muss hier mit Gaze oder einem Stück Damenfeinstrumpfhose sichergestellt werden, dass keine Insekten in das Wassergefäß fallen und darin ertrinken können.

Wichtigste Feuchtigkeitsquelle aber sind frische Nahrungspflanzen. Da diese innerhalb von 2–3 Wochen vertrocknen, wenn sie nicht gerade mitsamt der Wurzel in Töpfe gepflanzt werden, und *E. tiaratum* nur wenige Tage ohne Nahrung auskommt, dürfen die Tiere nicht länger als zwei, maximal drei Wochen alleine gelassen werden.

DER PRAXISTIPP

Um die stacheligen Brombeerzweige sicher schneiden und transportieren zu können, ohne dabei die Dornen zu spüren, sollten diese Pflanzen nur an den Blättern angefasst werden – am besten trägt man beim Umgang mit der Brombeere ohnehin feste Handschuhe. Zum Abtrennen der Zweige ist eine Rosenschere vorteilhaft, und für den Transport empfiehlt es sich, die gesammelten Brombeerzweige in eine Abdeckmatte als Frostschutz für die Frontscheibe des Autos oder dickwandige Folie etc. einzuwickeln.

1: Eukalyptus
2: Brombeere
3: Himbeere
4: Eukalpytus-Baum
5: Stachellose Brombeere
6: Rose
7: Eiche Fotos: T. Adam

5
6
7

Das Terrarium

BEI der Haltung im Terrarium hat man die Wahl zwischen Terrarien mit Schiebetüren und sogenannten Falltür-Terrarien. In den E-Profilen der Terrarien mit Schiebetüren setzt sich schnell Sand ab, und daher sind Terrarien mit Falltüren besser geeignet, zumal sich hier die vordere Terrarienscheibe leicht entnehmen und dadurch das Terrarium einfacher reinigen lässt. Auch ein ausgedientes Aquarium kann für die Haltung von *E. tiaratum* verwendet werden, wenn es entsprechend umfunktioniert wird. Dazu stellt man das Aquarium senkrecht auf und klebt mit Silikon unten an der Vorderseite einen ca. 10 cm hohen Glasstreifen in der Breite des Aquariums fest, damit der später eingebrachte Bodengrund nicht herausfällt. Die Vorderseite wird mit einem Deckel aus Drahtgaze (Kunststoff- oder Textilgaze kann durchgenagt werden!) verschlossen, der zugleich als Belüftung dient. Ein Gazeterrarium für die Imagines lässt sich mit wenigen Handgrif-

Auch ein Aquarium (hier: 100 x 50 x 40 cm) kann für die Haltung von Australischen Gespenstschrecken verwendet werden. Wichtig ist allerdings, dass der Deckel zum Großteil luftdurchlässig ist, um keine Stickluft aufkommen zu lassen. Foto: S. Schorn

fen auch selbst herstellen: Ein rechteckiges Grundgerüst aus Holz wird mit Drahtgaze umspannt, wobei der Boden ausgelassen wird. Auf eine entsprechend große Plastikwanne (z. B. das Unterteil eines Katzenklos) gestellt, lässt sich das Gazebecken für Reinigungsarbeiten etc. einfach abnehmen. Als Strauch- und Baumbewohner ist *E. tiaratum* höhenorientiert und benötigt daher eher ein hohes als ein breites oder langes Terrarium.

Ein kleiner klarsichtiger Behälter, mit einer Damenfeinstrumpfhose zur ausreichenden Luftversorgung am Deckel überzogen, kann für die Aufzucht der Nymphen während der ersten zwei Stadien dienen. Foto: S. Schorn

Die Terrariengröße richtet sich nach Anzahl und Größe der darin untergebrachten Tiere. Nymphen sollten zumindest während der ersten drei Entwicklungsstadien in kleineren Terrarien untergebracht werden, da sie in zu großen Behältnissen oft unentwegt herumlaufen und evtl. die Futterpflanzen nicht finden können. In Terrarien mit den Maßen 20 x 20 x 30 cm können fünf bis maximal zehn Nymphen gehalten werden. Prinzipiell wäre eine Gemeinschaftshaltung von Nymphen aller Entwicklungsstadien bis zur Imago möglich. Aber da die Nymphen eine höhere Luftfeuchtigkeit

DER PRAXIS-TIPP
Die ersten 1-3 Tage nach dem Schlupf fressen die Nymphen meist noch nichts. Wenn sich aber nach vier Tagen keine Fraßspuren an den Blättern zeigen, hilft es oft, diese anzuschneiden, um die Nymphen zum Fressen zu animieren. Besonders bei Eichenlaub sind die Blattränder für die Nymphen oft zu hart. Wenn aber 1-2 Nymphen, die sich mindestens im dritten Stadium befinden, mit zu den kleineren Artgenossen ins Terrarium gesetzt werden, können diese die Fraßspuren ihrer größeren Artgenossen als „Anbeißstellen" nutzen.

als die Imagines benötigen, empfiehlt es sich, diese Anforderungen zu erfüllen und die ersten drei Nymphenstadien feuchter zu halten als die Imagines.

Für ein Pärchen oder aber bis zu maximal fünf Imagines genügt schon ein Terrarium mit den Maßen 30 x 30 x 40 cm. Besser geeignet sind aber Becken von z. B. 40 x 40 x 80 cm – hier lassen sich problemlos zehn Imagines halten. Wenn wiederholt Tiere mit fehlenden Gliedmaßen auftreten, ist das Terrarium überbesetzt, auch Kannibalismus kann dann auftreten, dem besonders sich häutende Tiere zum Opfer fallen.

Der Standort für das Terrarium sind Regale etc. in Augenhöhe und möglichst in Fensternähe, wodurch zumindest im Sommer auf eine künstliche Beleuchtung/ Beheizung verzichtet werden kann – allerdings muss direkte Sonneneinstrahlung vermieden werden. Die Fensterbank ist darum kein geeigneter Standort, da hier die Temperaturen im Terrarium durch die Sonne schnell zu stark steigen. Auch die Nähe von Heizkörpern ist aufgrund der dort herrschenden warmen und trockenen Luft ungeeignet, um hier Terrarien unterzubringen.

Einrichtung

DER Bodengrund kann bei Nymphen aus feuchtem Küchenpapier bestehen, das allerdings häufig nachgefeuchtet und regelmäßig ausgetauscht werden muss, da es stark schimmelanfällig ist. Torferde speichert die Feuchtigkeit länger, ist weniger schimmelanfällig und als Bodengrund für die Nymphen daher besser geeignet. Bei Imagines ist Sand der optimale Bodengrund, die Körnung sollte aber nicht zu fein sein, damit ein Stauben beim Durchsieben des Bodengrundes weitgehend vermieden werden kann. Eine Substrattiefe von 2 cm genügt den Tieren, da *E. tiaratum* die Eier nicht tief in den Bodengrund versenkt, sondern einfach fallen lässt oder davonschleudert. Wenn die feuchte Torferdeschicht bei den Nymphen mit einer dünnen Schicht hellen Sandes bedeckt wird, lassen sich die Kotpillen hierauf besser sehen als auf dunkler Torferde. So kann man rasch erkennen, wann eine Reinigung nötig wird.

Der Sandbodengrund in den Terrarien mit Imagines sollte möglichst bei jedem Wechsel der Futterpflanzen (also etwa alle 14–20 Tage) gereinigt und nach abgelegten Eiern durchsucht werden. Hierfür eignet sich ein kleines Aquariennetz, mit dem der trockene Sand im Terrarium durchgesiebt wird. Den Netzinhalt gibt man dann auf einen Teller (oder z. B. eine Frisbee-Scheibe) und verteilt ihn dort durch leichtes Schütteln. Mit einer Federstahlpinzette lassen sich die Eier aus den Kot- und Nahrungsresten heraussuchen und entnehmen.

Für die Rückwandgestaltung der Terrarien bieten sich mehrere Möglichkeiten an. Bei den kleineren Terrarien für die Nymphen eignet sich Fotofolie (z. B. mit Wüstenmotiv), die von außen (!) mit Tesafilm angeklebt wird. Ebenso lässt sich die Rückwand (und ggf. die Seitenwände) mit Silikon (auf Wasserbasis) bestreichen und vor dem Antrocknen mit Sand berieseln, damit dieser zum Großteil haften bleibt. In den größeren Terrarien für die Imagines sind Kokosfaser-, Xaxim- oder gepresste Korkplatten geeignet, um damit die Rück- und/oder Seitenwände zu gestalten, damit diese noch zusätzliche Klettermöglichkeiten bieten. Die naturbelassene, entsprechend zurechtgeschnittene Rinde der Zierkorkeiche ist resistent gegen Schimmelbildung, leicht und wirkt als Rückwand sehr dekorativ. Aller-

Eine Gießkanne mit möglichst schlankem Hals, ein Wasserzerstäuber, analoge Thermo- und Hygrometer oder ein digitales Thermometer mit integriertem Hygrometer, eine Rosenschere zum Schneiden von Futterpflanzen, eine Schere zum evtl. Abschneiden von vergilbten Blättern, eine Pinzette zum Auflesen der Eier und ein Aquariennetz zum Durchsieben/Reinigen des Sandbodengrundes im Terrarium sind hilfreiches Zubehör für die Pflege Australischer Riesengespenstschrecken. Foto: S. Schorn

DER PRAXISTIPP
Beim Wechseln der Futterpflanzen ist darauf zu achten, dass sich besonders die Nymphen gern in eingerollten, vertrockneten Blättern verstecken. Um keine Tiere versehentlich beim Austausch der Futterzweige wegzuwerfen, sollten diese gründlich nach Nymphen abgesucht werden. Es empfiehlt sich, einen Zettel am Terrarium anzubringen, auf dem die Art und die Anzahl der Tiere im Terrarium notiert sind – damit vergleicht man dann die Zahl der gefundenen Exemplare. So lässt sich der Bestand gut kontrollieren und ein versehentliches „Wegwerfen“ übersehener Tiere vermeiden.

dings muss sie passgenau ins Terrarium eingebracht werden, und eventuelle Zwischenräume sind zu verschließen, damit keine Tiere hinter die Rückwand gelangen und dort verenden können. Eine Bepflanzung der Rückwand mit Epiphyten, Bromelien oder Rankgewächsen bietet sich nur in sehr großen Terrarien ab ca. 1 x 1 x 1 m an, wobei auch hier eine Bepflanzung mit Brombeere (*Rubus* spp.) in Töpfen sinnvoller erscheint.

Versteckplätze ergeben sich durch die Futterpflanzen von selbst, weitere Versteckmöglichkeiten werden nicht benötigt.

Terrarienklima

TECHNISCHE Geräte sind für die Haltung von *E. tiaratum* nicht notwendig, wenn die Terrarien in warmen und hellen Räumen untergebracht sind. Im Sommer ist eine Beleuchtung mit einer Leuchtstoffröhre (mit Vorschaltgerät) vorteilhaft, da diese kaum Hitze abgibt. Im Winter ist jedoch meist insbesondere bei den Nymphen eine künstliche Beheizung des Terrariums erforderlich. Bodenwärme über Heizmatten oder Heizkabel bekommt den Tieren nicht und trocknet die Eier schnell aus. Natürlicher ist eine Erwärmung von oben, die über die Beleuchtung mit Glühbirnen (je nach Terrariengröße 15–25 Watt) erreicht werden kann. Hierbei ist auf genügend Abstand zwischen der Glühbirne und der Terrarienoberseite zu achten, wodurch sich die Temperatur im Becken regulieren lässt. Tagsüber sollte die Beleuchtung 8–10 Stunden eingeschaltet sein, im Sommer kann zumeist auf eine künstliche Beleuchtung/Beheizung verzichtet werden.

Die Temperatur im Terrarium sollte auch nachts nicht unter 17 °C abfallen (optimal 18–20 °C), tags-

Ein kurzzeitiger Aufenthalt im Freien bietet herrliche Fotomotive. Foto: S. Schorn

über genügen den Imagines ebenfalls Zimmertemperaturen, wobei die Optimalwerte bei 22–26 °C liegen und im Sommer kurzzeitig auch Werte bis 30 °C vertragen werden. Bei Temperaturen ab 32–35 °C sinkt die Lebenserwartung jedoch stark ab. Die Haltungstemperatur der Nymphen liegt etwa fünf Grad höher als bei den Imagines, sodass die Werte im Nymphenterrarium zwischen 25 und 28 °C betragen und nachts nicht unter 18 °C abfallen sollten. Auch die Luftfeuchtigkeit ist bei den Nymphen mit 70–85 % höher als bei den Imagines zu wählen, die mit einer relativen Luftfeuchte von 60–70 % auskommen. Wenn mehrmals wöchentlich mit Wasser gesprüht wird, vertragen die Imagines im Sommer auch Werte unter 50 %. Sie sind allgemein relativ anspruchslos, was Temperatur und relative Luftfeuchtigkeit angeht. Dagegen stellen die Nymphen in den ersten 4–8 Lebenswochen höhere Ansprüche an die Luftfeuchtigkeit, weshalb in diesem Zeitraum – auch zur Deckung des Trinkbedürfnisses – möglichst einmal täglich mit feinem Wassernebel gesprüht werden sollte. Hierbei muss beachtet werden, dass die Düse am Wasserzerstäuber so eingestellt ist, dass das Wasser nicht in einem festen Strahl herausschießt. Das Wasser sollte nach wenigen Stunden verdunstet sein, da Kondenswasser oder Wassertropfen an den Blättern und Terrarienscheiben dazu führen könnten, dass die Nymphen daran haften bleiben und selbst in einzelnen Wassertropfen ertrinken.

Vergesellschaftung

EINE Vergesellschaftung der Nymphen mit anderen Arten ist wenig sinnvoll. Eine Gemeinschaftshaltung adul-

Die Nymphen der Australischen Riesengespenstschrecke sollten nicht mit denen anderer Arten vergesellschaftet werden, lassen sich aber in größeren Terrarien gemeinsam mit adulten Artgenossen halten. Foto: T. Adam

Von allen Phasmiden zählen besonders die sog. Stabschrecken allgemein zu den produktivsten ihrer Art, was an der hohen Zahl abgelegter Eier und der relativ kurzen Inkubationszeit liegt. Unempfindliche Arten lassen sich mit der Australischen Riesengespenstschrecke gemeinsam pflegen. Foto: S. Schorn

ter *E. tiaratum* mit anderen Phasmidenarten ist jedoch grundsätzlich möglich, sofern diese dieselben Ansprüche an Nahrung und Klima sowie die Terrariengröße stellen und es sich um ruhige, friedliche Arten handelt. Am besten funktioniert eine Vergesellschaftung mit solchen Phasmiden, die andere Aufenthaltsorte als *E. tiaratum* bevorzugen, sodass die Arten nicht darum konkurrieren. *Aretaon asperrimus*, *Dares validispinus* (aus Borneo), *Datames mouhotii* (Süd-Thailand), *Hesperophasma lobata* (Costa Rica), eventuell *Epidares nolimetangere* (aus Borneo), *Hoploclonia abercrombiei* (aus Borneo) können mit den Imagines von *E. tiaratum* vergesellschaftet werden, wenn ein Teil des Bodengrundes feucht gehalten wird und darauf Versteckplätze wie gewölbte Rindenstückchen, Tonröhren etc. angeboten werden, in die sich die Feuchtigkeit liebenden Tiere zurückziehen und in denen sie sich tagsüber verstecken können. Neben diesen relativ klein bleibenden (4–7 cm) und vorwiegend Boden bewohnenden Gespenstschrecken sind auch einige der weniger empfindlichen

Arten (was Stressanfälligkeit/Autotomie, Klimawerte und Haltungsansprüche betrifft) von Stabschrecken für die Vergesellschaftung mit *E. tiaratum* geeignet, insofern die Besatzdichte und Terrariengröße passend gewählt werden. Obwohl die Stabschrecken dieselben Aufenthaltsorte aufsuchen und die gleiche Nahrung wie *E. tiaratum* fressen, kommen diese ruhigen Insekten gut als Mitbewohner infrage. Dazu zählen z. B. die Indische Stabschrecke (*Carausius morosus*), *Carausius detractus* (aus Süd-Thailand) oder *C. seychellensis* (von den Seychellen).

Wandelnde Blätter (Phyllidae) dagegen werden aufgrund ihrer perfekten Mimese auch von *E. tiaratum* irrtümlich als Blätter und somit als Nahrung angesehen und gelegentlich angeknabbert, weshalb sie als Mitbewohner im *E.-tiaratum*-Becken ungeeignet sind.

Handhabung der Tiere

DER Umgang mit *E. tiaratum* muss stets mit Vorsicht und Geduld erfolgen, um sie nicht zu verletzen. Die Nymphen sind im ersten Entwicklungsstadium sehr flink und nahezu immer in Bewegung, sodass sie beim Wechsel der Futterpflanzen schnell aus dem Terrarium entkommen.

Die Nymphen, aber auch die Imagines von *E. tiaratum* sollten weder mit einer Pinzette noch mit den Fingern festgehalten werden, um die Tiere nicht zu verletzen. Wenn *E. tiaratum* in der geschlossenen Hand gehalten wird, darf nicht zu viel Druck ausgeübt werden. Besser ist es, die Hand, einen Finger oder einen Gegenstand wie z. B. einen kleinen Stock vor das Tier zu halten und es mit der anderen Hand von hinten leicht anzustupsen, um es so auf die Hand zu dirigieren. *Extatosoma tiaratum* ist „anhänglicher“ als die meisten anderen Phasmiden, d. h. sie halten sich gut auf der Hand und noch besser auf Kleidung fest, wenn versucht wird, sie durch Ergreifen davon zu entfernen. Einfacher und für *E. tiaratum* ungefährlicher ist es daher, sie einfach über die Hand laufen zu lassen und vor ein Gefäß (Klarsichtdose oder im Idealfall ein zweites, bereits mit frischen Futterpflanzen ausgestattetes Terrarium) zu halten, sodass *E. tiaratum* dort hineinklettert. Die absolut friedliche Art *E. tiaratum* ist allgemein sehr gut zu handhaben. Sie versprüht kein für Menschen wahrnehmbares Wehrsekret, beißt nicht und wirft ihre Beine nicht ab, wenn diese nicht festgehalten werden. Trotzdem sollte man die Tiere möglichst nur dann auf die Hand nehmen, wenn es die Umstände (Reinigungsarbeiten etc.) erfordern, da es keine „Streicheltiere" sind. Es ist ratsam, vor dem Austausch der Futterzweige alle Tiere aus dem Terrarium zu entnehmen, da im Terrarium verbliebene *E. tiaratum* beim Einbringen neuer Futterpflanzen evtl. von diesen verletzt oder eingeklemmt werden könnten.

DER PRAXISTIPP

Um ein Entweichen der Nymphen aus dem Terrarium bei einem Austausch der Futterzweige zu vermeiden, legt man ein großes, weißes Blatt Papier vor das Terrarium, damit herauskletternde Exemplare vor diesem hellen Untergrund besser erkannt und gefangen werden können. Außerdem vermögen sie sich auf der glatten Unterlage nicht festzukrallen, was das Einsammeln erheblich erleichtert. Mit einem weichen Pinsel lassen sich Nymphen, die von außen oder innen am Terrarium herumklettern, abstreifen und in eine darunter gehaltene Heimchendose überführen, die nun schnell verschlossen werden muss, damit sie nicht wieder herausklettern. Es sollten nicht mehr als maximal zehn Nymphen (besser nur fünf) pro Heimchendose untergebracht werden.

Die Tiere sollten nur auf die Hand genommen werden, wenn dies z. B. für Reinigungsarbeiten im Terrarium nötig ist.
Foto: S. Schorn

Vermehrung

DIE Fortpflanzungszeit beginnt bei den Imagines etwa 2–4 Wochen nach der letzten Häutung und erstreckt sich über das ganze Jahr. In der wärmeren Jahreszeit werden aber deutlich mehr Eier abgesetzt als im Winter. Ein ausgeprägtes Balzverhalten findet bei *E. tiaratum* nicht statt. Die Weibchen locken mit Geruchsstoffen (Pheromone) die Männchen an. Nachdem das geschlechtsreife Männchen ein paarungsbereites Weibchen aufgespürt hat, klettert es auf den Rücken der Partnerin und beginnt mit seitlich geneigtem, gekrümmtem Abdomen, mit den Cerci nach der Geschlechtsöffnung des Weibchens zu tasten.

Mit dem männlichen Kopulationsorgan, dem Vomer, wird das Sperma in einer geleeartigen, perlenförmigen, weißgrauen Samenkapsel (Spermatophore) in die weibliche Geschlechtsöffnung eingeführt. Nachdem die Samenflüssigkeit herausgeflossen und vom

Ein Ei im Ovipositor, kurz bevor es mit dem Operculum weggeschleudert wird – nicht selten bis zu einen Meter weit. Foto: S. Schorn

Unterschiedlich gefärbte Eier von *Extatosoma tiaratum* Foto: S. Schorn

Weibchen aufgenommen worden ist, fällt die leere Hülle der Spermatophore zu Boden. Das Sperma kann vom Weibchen über viele Monate hinweg gespeichert werden. Daher kann es über einen langen Zeitraum befruchtete Eier absetzen, ohne sich hierzu erneut verpaaren zu müssen.

Die Kopulation dauert bei *E. tiaratum* meist zwischen 15 und 19

WUSSTEN SIE SCHON?

Die Geschlechtsöffnungen der Phasmiden passen wie ein Schlüssel nur in die Geschlechtsöffnungen gegengeschlechtlicher Tiere derselben Art, wodurch Kreuzungen verschiedener Arten vermieden werden. Zwar versuchen gelegentlich nahe verwandte Arten (wie z. B. *Haaniella*-Arten mit *Heteropteryx dilatata*) zu kopulieren, aber dabei kommen niemals Nachkommen zustande.

Dieses Jungtier ist während des Schlupfvorganges verstorben und verpilzt. Foto: S. Schorn

Stunden. Nachdem die Spermatophore übertragen wurde, lösen die Tiere ihre Verankerung der Abdomenenden und trennen sich voneinander. Die Gonapophysen und Gonostyli, gemeinsam als Ovipositorvalven bezeichnet, formen einen Gang, der die Eier nach dem Austritt aus der Geschlechtsöffnung zur Eiablage aufnimmt. Etwa 3–4 Wochen nach der Kopulation (oder bei Parthenogenese nach der Imaginalhäutung; siehe unten) schleudert das Weibchen die Eier stets einzeln mit dem Operculum davon oder lässt sie aus dem Ovipositor herausfallen. Häufig werden gleich mehrere Eier pro Tag abgelegt – im Durchschnitt etwa ein Ei pro Tag –, wenn einmal mit der Eiproduktion begonnen wurde. Es vergehen nur wenige Tage, an denen keine Eier abgesetzt werden. Mit zunehmendem Alter der weiblichen Imagines steigert sich auch die Zahl der abgesetzten Eier, und erst kurz vor dem Alterstod verringert sich die Eirate wieder.

WUSSTEN SIE SCHON?

Sehr selten treten auch weibliche Tiere mit männlichen Geschlechtsmerkmalen auf, die sich aber nicht fortpflanzen können und nur eine geringe Lebenserwartung besitzen. Solche Zwitter werden als Gynander bezeichnet, das Phänomen heißt entsprechend Gynandromorphismus.

Die Aufzucht der Larven gelingt einfach.
Foto: K. Kunz

Die Eier bestehen aus der festen, harten Außenschale, dem Exochorion, das aus vielen Schichten besteht. Darunter liegt das ebenfalls mehrschichtige, aber dünnere Endochorion, das nach außen hin mit einer wasserundurchlässigen Schicht abschließt. Nach innen liegt dem Endochorion die Dotterhaut an, die den im Eiinneren liegenden Dotter umgibt, der anfangs noch zähflüssig und von orangebrauner Farbe ist. Alle Eier besitzen eine Mikropylarplatte, auf der sich die Durchlassstelle für Spermien befindet, die Mikropyle. Am Vorderende der Eikapsel sitzt der Eideckel (Operculum), der beim Schlupf der Nymphen aufgebrochen wird.

Die Eier werden wie beschrieben dem Bodengrund entnommen, da die Gefahr ihres Vertrocknens oder Verpilzens darin zu groß ist und sie hier schlecht kontrolliert werden können.

Extatosoma tiaratum kann sich übrigens auch erfolgreich fortpflanzen, wenn keine Männchen vorhanden sind. Bei den vom Weibchen dann abgesetzten unbefruchteten Eiern dauert es etwas

Eier von *Extatosoma tiaratum* Foto: T. Adam

länger als bei befruchteten, bis die Nymphen schlüpfen. Aus unbefruchteten Eiern geschlüpfte Nymphen sind lebens- und fortpflanzungsfähig, jedoch fast immer weiblich und können als Imagines beim Fehlen von Männchen wiederum praktisch ausschließlich weiblichen Nachwuchs hervorbringen. Diese ungeschlechtliche Fortpflanzung ist bei einigen Stabschrecken-Arten sogar die Regel und wird als Jungfernzeugung oder Parthenogenese bezeichnet.

Die Ei-Länge beträgt bei *E. tiaratum tiaratum* 4,1–4,8 mm (bei *E. popa* 4,8–5,2 mm, bei *E. tiaratum bufonium* 3,8–4,2 mm), die Ei-Breite 3,9–4,1 mm (bei *E. popa* 4,4–4,8 mm, bei *E. tiaratum bufonium* 2,8–3,2 mm), das Ei-Gewicht 37,2–37,7 mg (bei *E. popa* 45 mg, bei *E. tiaratum bufonium* 14,5 mg).

Das Zeitigen der Eier erfolgt in klarsichtigen und luftdurchlässigen Dosen (z. B. Heimchendosen), worin sie bei einer

WUSSTEN SIE SCHON?
Das Operculum trägt bei *E. tiaratum* einen weiteren knopfförmigen Aufsatz, das Capitulum. Dieses enthält Lockstoffe, die Ameisen dazu veranlassen, die Eier abzutransportieren und diese vermeintlichen Pflanzensamen in ihrem Bau zu sammeln, womit die Ameisen zur Verbreitung der Art beitragen.

Temperatur von 22–27 °C und einer Luftfeuchtigkeit von 75–90 % aufbewahrt werden. Für Letztere sorgt ein feuchtes Schwammstück, das möglichst in einer flachen Schale (z. B. Trinkdeckelverschluss, Deckel von Filmdosen etc.) mit in der Dose untergebracht wird und regelmäßig nachgefeuchtet werden muss. Unbefruchtete Eier weisen eine geringere Schlupfrate auf und benötigen bis zur Schlupfreife längere Zeit als befruchtete Eier.

Unter den oben beschriebenen Bedingungen tritt der Schlupfzeitpunkt nach etwa 6–7 Monaten ein. Statt ein feuchtes Schwammstück mit in die Brutbox zu geben, können die Eier in der Dose auch auf feuchter Torferde, ungedüngter Blumenerde, Sandboden, Vermiculit oder Küchenpapier gezeitigt werden, was aber Nachteile mit sich bringt. Sand wird schnell hart, wenn er zu feucht gehalten wurde; zu trocken gehalten, vertrocknen die Eier hier schneller. Vermiculit bleibt häufig an den Beinen der Nymphen hängen, und Küchenpapier beginnt schnell zu schimmeln und auszutrocknen.

WUSSTEN SIE SCHON?

Am einfachsten lassen sich die verschiedenen Phasmatodea-Arten durch Größe, Form, Farbe und Zeichnung ihrer Eier bestimmen. Auch wenn die Färbung der Eier von *E. tiaratum* selbst bei einem einzelnen Individuum unterschiedlich sein kann, sind doch Zeichnungsmuster und Capitulum sowie Größe und Form wichtige Merkmale zur Unterscheidung von anderen Arten und erlauben eine sichere Bestimmung.

Vergrößertes leeres Ei ohne Eideckel Foto: S. Schorn

Die Dauer des Embryonalstadiums ist unter Terrarienbedingungen geringer als in der freien Natur und in beiden Fällen abhängig von Temperatur und Luftfeuchtigkeit. Unter schlechten Bedingungen verzögert sich die Embryonalentwicklung, und es kommt zu einer sogenannten Diapause, in der die Entwicklung so lange unterbrochen wird, bis bessere Bedingungen einsetzen.

DER PRAXISTIPP

Eine ausgezeichnete Methode, um die Eier von *E. tiaratum* und anderen Arten zu inkubieren, besteht aus übereinander gestapelten, klarsichtigen Tortendeckeln. Hierfür wird zunächst ein Tortendeckel umgedreht, etwa 1-2 cm hoch mit Wasser (etwa 27 °C) befüllt, und ein weiterer umgedrehter Tortendeckel, der im erhöhten Mittelpunkt mit kleinen Luftlöchern versehen wurde, wird in den ersten hineingestellt. Wenn hierbei kein Wasser in den oberen Tortendeckel hineinläuft, ist der Wasserstand ideal. Nachdem Thermo- und Hygrometer angebracht sind, werden die Eier gleichmäßig auf dem Boden des oberen Tortendeckels verteilt. Um einigermaßen Kontrolle über die Schlupftermine zu bekommen, wird ein Zettel mit Angabe der Art und den Daten der Eiablage sowie des voraussichtlichen Schlupfzeitpunkts angeklebt. Mit drei Schaumstoffstreifen oder Getränkeverschlüssen etc. lässt sich ein Abstand schaffen, damit die Eier nicht zerdrückt werden, wenn nun der nächste, ebenfalls mit Luftlöchern versehene Tortendeckel hineingestellt und mit Eiern befüllt wird. Auch an allen folgenden befüllten Tortendeckeln sollten die beschriebenen Zettel nicht fehlen. Bei mehreren mit Eiern befüllten Tortendeckeln werden jene mit dem frühesten Schlupftermin in den obersten Deckel gestellt. Eine mit Luftlöchern versehene Klarsichtfolie oder eine klarsichtige Plexiglasscheibe auf dem obersten Tortendeckel verhindert das Entweichen der geschlüpften Nymphen. Wenn ein Gazedeckel verwendet wird, muss dieser teilweise mit z. B. einer Glasscheibe abgedeckt sein, um die Luftfeuchte zu erhalten.

Um eine größere Anzahl Eier unterzubringen, empfehlen sich entsprechend größere Klarsichtdosen mit Lüftungslöchern oder kleine Zimmergewächshäuser, deren Lüftungsschienen im abnehmbaren Klarsichtdeckel mit Gaze beklebt und so gegen ein Entweichen der Nymphen gesichert werden. Die Eier werden auch hierbei gleichmäßig auf dem Boden verteilt, sollten also nicht übereinander liegen. Ein mit Wasser befülltes und mit einer Damenfeinstrumpfhose oder mit Gaze abgedecktes Gefäß (z. B. Puddingbecher) im Behälter erhält die nötige Luftfeuchte. Zum Überprüfen von Luftfeuchte und Temperatur im Brutbehälter werden die Messgeräte nicht wie in den Terrarien der Nymphen und Imagines im oberen, sondern im unteren Bereich angebracht.

Die Eizeitigungsbehälter dürfen keiner starken Bodenwärme ausgesetzt sein, weshalb beispielsweise der Standort auf einer Heizmatte ausgeschlossen ist. Wenn die Temperatur auch nachts nicht langfristig unter 18 °C sinkt, können die Eier bei normaler Zimmertemperatur aufbewahrt werden.

Die Unterbringung auf einem (nicht zu stark) beheizten Terrarium verkürzt die Entwicklungszeit jedoch. Allerdings sollten die Eier nicht direkt über der Heizstelle (Licht- oder Wärmestrahler) stehen. Spezielle Inkubatoren (Brutapparate) werden für die Zeitigung der Eier nicht benötigt, können aber zum Beschleunigen der Embryonalentwicklung eingesetzt werden. Selbst gebaute oder gekaufte Inkubatoren (für Reptilieneier) sollten vor der Inbetriebnahme daraufhin überprüft werden, ob die erforderliche Temperatur und Luftfeuchtigkeit eingehalten werden. Kondenswasser im Becken kann besonders für die Nymphen gefährlich werden, die daran festkleben und ertrinken könnten. Hier ist auf eine gute Belüftung zu achten. Auch die Eier müssen vor heruntertropfendem Kondenswasser geschützt sein, was sich mit entsprechenden Luftlöchern (ggf. auch im Deckel) in den Behältern einrichten lässt.

Dank

ZUERST möchte ich mich bei meiner Frau Monika für die Unterstützung bedanken. Außerdem bedanke ich mich bei Fotostudio Weidinger, Neumarkt i. d. Oberpfalz, sowie Jessica Virginia Schabries, Neumarkt, und Heiko Jahn, Münster, für das Erstellen von Fotos. Ein ganz herzlicher Dank gilt dem Natur und Tier - Verlag für die Möglichkeit, an dieser Reihe mitwirken zu können: Matthias Schmidt, dem Verleger, sowie Kriton Kunz und Heiko Werning für das Lektorat. Dank auch an Frank Kurth und Danny Brinkmann vom Aquaterra-Shop, Münster/ Nienberge.

Weitere Informationen

ZUR Vertiefung der in diesem Buch gegebenen Informationen und zum umfassenderen Einblick in terraristische und entomologische (insektenkundliche) Themenbereiche empfehlen sich die Mitgliedschaft in einem Verein gleich gesinnter Terrarianer sowie ein intensives Literaturstudium. Die folgenden Auflistungen sollen dabei behilflich sein, einen Einstieg in die Thematik zu finden, können aber natürlich nur einen kleinen Ausschnitt aufzeigen.

Extatosoma tiaratum Foto: K. Kunz

Vereine und Interessengruppen

Mit dem Thema Phasmiden befassen sich mehrere Vereine, die auf eine lange und erfolgreiche Tradition in der Haltung dieser Tiere zurückblicken können.

Phasmid Study Group (PSG)
Paul Brock
„Papillion"
40 Thorndike Road
Slugh, Berks
SL2 1SR Großbritannien

Diese Organisation gibt vierteljährlich einen englischsprachigen Newsletter heraus und zusätzlich die „Phasmid Studies", eine Fachzeitschrift, die nur über Phasmiden berichtet. Informationen sind auch unter der Web-Adresse: www.stickinsect.org.uk erhältlich.

PHASMA
J. van Gorkum,
Stadhouderslaan 32, 1213AH
Hilversum, Niederlande

Diese niederländisch-belgische Vereinigung gibt eine in Flämisch geschriebene Zeitschrift heraus, die PHASMA, diese erscheint vierteljährlich. Weitere Informationen sind im Internet unter http://members.lycos.nl/phasma/ zu finden.

ZAG Wirbellose im Terrarium e. V.
Karsten Grahl
Kaltenbrunner Weg 13
92655 Grafenwöhr/Hütten
Deutschland

Dieser Verein beschäftigt sich zwar mit allen Wirbellosen im Terrarium, doch ist er die einzige deutschsprachige Organisation, die einen ihrer Schwerpunkte in den Bereich Phasmidenhaltung gelegt hat. Auch sie verlegt eine Zeitschrift, die ARTHROPODA. Weitere Informationen sind im Internet unter www.zag-wirbellose.de zu finden.

Internetadressen

Phasmidenbörse:
exotics.net/sticklist/

Besonders empfehlenswert:
Mark Watsonss Stick Insect Page
www.stickbugs.co.uk

www.phasmatodea.de

Zeitschriften

REPTILIA, TERRARIA
Terraristik-Fachmagazine
erscheinen je sechs Mal jährlich,
mit Internetportal für Kleinanzeigen
Natur und Tier - Verlag GmbH
An der Kleimannbrücke 39/41
48157 Münster
Tel.: 0251-133390
E-Mail: verlag@ms-verlag.de
www.reptilia-online.de
www.terraria-online.de

DRACO
Terraristik-Themenheft
erscheint vier Mal jährlich
Natur und Tier - Verlag, s. o.

DATZ
Die Aquarien- und Terrarien-Zeitschrift
erscheint monatlich
Verlag Eugen Ulmer
Wollgrasweg 41, 70599 Stuttgart
www.datz.de

Entomologische Zeitschrift
Verlag Eugen Ulmer GmbH & Co.,
Postfach 700561,
70574 Stuttgart (Hohenheim)

Verwendete und weiterführende Literatur

BRADLER, S. & C. SEILER (2002): Phasmiden (Gespenstschrecken, Stabschrecken und Wandelnde Blätter). – DRACO 3: 27–37.

BROCK, P.D. (1999): The amazing world of stick and leaf-insects. – The Amateur Entomologist Society Vol. 26. – Oppington, Kent.

BRUINS, E. (1999): Terrarien Enzyklopädie. – Karl Müller Verlag, Erlangen.

BRUNNER VON WATTENWYL, K. & J. REDTENBACHER (1906–08): Die Insektenfamilie der Phasmiden, Teil 1–3. – W. Engelmann, Leipzig.

DETTNER, K. & W. PETERS (1999): Lehrbuch der Entomologie. – Verlag Gustav Fischer, Stuttgart, Jena, Lübeck, Ulm.

HENNEMANN, F.H. & O.V. CONLE (2008): Revision of Oriental Phasmatodea: The tribe Pharnaciini GÜNTHER, 1953, including the description of the world's longest insect, and a survey of the family Phasmatidae GRAY, 1835 with keys to the subfamilies and tribes (Phasmatodea: „Anareolatae“: Phasmatidae). – Zootaxa 1906, Magnolia Press, Auckland, New Zealand, 316 S.

SCHULTEN, D. (1995): Wandelnde Blätter, Stab- und Gespenstschrecken. – Entomologische Mitteilungen aus dem Löbbecke-Museum und Aquazoo 3: 1–132.

SEILER, C., S. BRADLER & R. KOCH (2000): Phasmiden. Pflege und Zucht von Gespenstschrecken, Stabschrecken und Wandelnden Blättern im Terrarium. – bede-Verlag, Ruhmannsfelden.

VALLES, S.R. (2000): Stab- und Gespenstheuschrecken. – REPTILIA 5(4): 18–23.